EL PRONÓSTICO DEL TIEMPO

NIEVE

Un libro de Las Raíces de Crabtree

DOUGLAS BENDER
Traducción de Pablo de la Vega

Crabtree Publishing
crabtreebooks.com

Apoyos de la escuela a los hogares para cuidadores y maestros

Este libro ayuda a los niños en su desarrollo al permitirles practicar la lectura. Abajo están algunas preguntas guía para ayudar al lector a fortalecer sus habilidades de comprensión. En rojo hay algunas opciones de respuesta.

Antes de leer:

- ¿De qué pienso que trata este libro?
  - *Pienso que este libro es sobre la nieve.*
  - *Pienso que este libro nos dice cómo se forma la nieve.*
- ¿Qué quiero aprender sobre este tema?
  - *Quiero aprender de dónde viene la nieve.*
  - *Quiero aprender de qué está hecha la nieve.*

Durante la lectura:

- Me pregunto por qué...
  - *Me pregunto por qué no nieva todo el año.*
  - *Me pregunto por qué la nieve se derrite.*
- ¿Qué he aprendido hasta ahora?
  - *Aprendí que la nieve está hecha de agua.*
  - *Aprendí que la nieve se forma en las nubes.*

Después de leer:

- ¿Qué detalles aprendí de este tema?
  - *Aprendí que usamos palas para la nieve cuando nieva.*
  - *Aprendí que cuando cae mucha nieve se dice que cae una tormenta de nieve.*
- Lee el libro una vez más y busca las palabras del vocabulario.
  - *Veo las palabras* ***copos de nieve*** *en la página 6 y las palabras* ***tormenta de nieve*** *en la página 8. Las demás palabras del vocabulario están en la página 14.*

¡Brrr! Esto es nieve.

La nieve está hecha de agua.

La nieve se forma en las **nubes**.

La nieve cae en forma de **copos de nieve**.

Cuando se forma mucha nieve cae una **tormenta de nieve**.

Usamos **palas** de nieve cuando nieva.

¡A la gente le gusta saltar y jugar en la nieve!

Lista de palabras

Palabras de uso común

a	forma	saltar
cae	jugar	se
cuando	la	una
en	las	usamos
es	le	y
esto	nieve	

Palabras para conocer

copos de nieve

nubes

palas

tormenta de nieve

53 palabras

¡Brrr! Esto es nieve.

La nieve está hecha de agua.

La nieve se forma en las **nubes**.

La nieve cae en forma de
copos de nieve.

Cuando se forma mucha nieve
cae una **tormenta de nieve**.

Usamos **palas** de nieve
cuando nieva.

¡A la gente le gusta saltar
y jugar en la nieve!

Written by: Douglas Bender
Designed by: Rhea Wallace
Series Development: James Earley
Proofreader: Janine Deschenes
Educational Consultant:
Marie Lemke M.Ed.
Translation to Spanish:
Pablo de la Vega
Spanish-language layout and proofread: Base Tres

EL PRONÓSTICO DEL TIEMPO

NIEVE

Photographs:
Shutterstock: Taiga: cover; Nick Starichenko: p. 1; Triff: p. 3, 14; Key_Keeper: p. 4; thebezz: p. 5, 14; Bobkov Evgenly: p. 6-7, 14; stoatphoto: p. 9, 14; Rossario: p. 11, 14; Serg Zastavkin: p. 12

Crabtree Publishing

crabtreebooks.com 800-387-7650

 In Canada: We acknowledge the financial support of the Government of Canada through the Canada Book Fund for our publishing activities.

Canada/022024/CP20240215

Published in Canada
Crabtree Publishing
616 Welland Avenue
St. Catharines, Ontario
L2M 5V6

Published in the United States
Crabtree Publishing
347 Fifth Avenue
Suite 1402-145
New York, NY 10016

Hardcover	978-1-0396-1631-8
Paperback	978-1-0396-1637-0
Ebook (pdf)	978-1-0396-1643-1
Epub	978-1-0396-1649-3
Read-along	978-1-0396-1655-4
Audio book	978-1-0396-1661-5

Library and Archives Canada Cataloguing in Publication

Title: Nieve / Douglas Bender ; traducción de Pablo de la Vega.
Other titles: Snow. Spanish
Names: Bender, Douglas, 1992- author. | Vega, Pablo de la, translator.
Description: Series statement: El pronóstico del tiempo | Translation of: Snow. | "Un libro de las raíces de Crabtree". | Text in Spanish.
Identifiers: Canadiana (print) 20210230959 | Canadiana (ebook) 20210230967 | ISBN 9781039616318 (hardcover) | ISBN 9781039616370 (softcover) | ISBN 9781039616431 (HTML) | ISBN 9781039616493 (EPUB) | ISBN 9781039616554 (read-along ebook)
Subjects: LCSH: Snow—Juvenile literature.
Classification: LCC QC926.37 .B46218 2022 | DDC j551.57/84—dc23

Library of Congress Cataloging-in-Publication Data

Names: Bender, Douglas, 1992- author. | Vega, Pablo de la, translator.
Title: Nieve / Douglas Bender ; traducción de Pablo de la Vega.
Other titles: Snow. Spanish
Description: New York, NY : Crabtree Publishing Company, [2022] | Series: El pronóstico del tiempo - un libro de las raíces de Crabtree | Includes index.
Identifiers: LCCN 2021024374 (print) | LCCN 2021024375 (ebook) | ISBN 9781039616318 (hardcover) | ISBN 9781039616370 (paperback) | ISBN 9781039616431 (ebook) | ISBN 9781039616493 (epub) | ISBN 9781039616554
Subjects: LCSH: Snow--Juvenile literature.
Classification: LCC QC926.37 .B46318 2022 (print) | LCC QC926.37 (ebook) | DDC 551.57/84--dc23
LC record available at https://lccn.loc.gov/2021024374
LC ebook record available at https://lccn.loc.gov/2021024375